野孩子手册

春

寻找幸运的四叶草

［英］哈蒂·加利克　著

［英］南希·霍尼　摄影

刘　楠　译　　金杏宝　审校

少年儿童出版社

关于作者

我们是哈蒂、汤姆、约翰尼和弗丽达。哈蒂是记者，汤姆是木匠，约翰尼身兼深海潜水员和救火员两职，而弗丽达目前正集中精力在学习徒步。

在户外探险中，除我们四人之外，另一群队友也加入了，包括有抱负的航天员马克斯、讨厌豌豆的巴尼、最爱紫色的艾拉、"超级英雄"狄伦、想当兽医的莫雷诺、爱玩游戏的杰诗敏，还有自己缝制衣服的雷米，等等。

我们都居住在一个生活忙碌、空间拥挤、环境凌乱的大都市。我们习惯于这种生活，但也希望不时有逃离的机会，为生活创造一点空间，去寻找生长在铺路石缝隙中的野草，或存活在铁路轨道旁的生灵。

所有在这本书中出现的活动，我们都试过——绝大多数的活动地点都不是我们刻意去寻找的，而是生活中的一个个简单的角落。希望你会像我们一样喜欢这些活动。

目录

引言

　　既想省钱，又要呵护孩子的想象力，甚至保护我们的星球，这本书正是你需要的那本手册。

　　没错，这听上去有点野心勃勃，但却是我想坚持做的事儿。本书由一位妈妈撰写，并非完美无瑕。值得一提的是，作者既不是一位能在牧场帐篷里发酵出酸奶的超级妈妈，也不是一位拥有乡村别墅的伯爵夫人，而只是一位寻常的母亲：一位孩子会乱发脾气、沉迷游戏的母亲；一位目光有限，只见高楼大厦、不见乡村荒野的母亲；一位好走捷径、常犯错误的母亲；一位偶尔也会小声咒骂的母亲。

　　因此，你尽管放松。这本书并不会批评你已经连续四个下午通过让孩子看电视来打发时间；也不期待你长途跋涉数千米去原始森林；或变戏法似的完成精美的手工艺制作；更不指望你的家庭生活照片出现在时尚杂志中受人仰慕：多称职的家长，多可爱的孩子！

　　这本书是你的朋友。它清晰地列出了自然界里极具魅力的免费材料，每个季节都可以让你们全家迈开双腿，放飞想象。从夏天的羽毛到秋天的浆果，再配上一些日常家居用品作为工具，让探索、玩乐、学习变得简单易行，野外探险从此就可以起步啦！

　　本书认为，孩子提出的想法一般比成人预期的更具想象力和独创性。因此，家长的任务就是：提供工具来激发孩子的想象力，然后，或是愉快地参与其中，或是轻松地坐在一旁品茗阅读，自得其乐。

　　因为这本书同样也关心身为家长的你，所以当你的创造力需要被激活时，它也为你提供了上百个好玩的活动及相关介绍。有些活动是为小画家准备的，有些是为小科学家设计的；有些活动只需要十分钟的探险，也有些需要花上整个下午来消化吸收；有些活动只要都市的一个阳台，也有些必须在近乎荒野的地方才能开展。活动的繁简可以根据孩子的年龄和注意力程度来调整。

　　要记住的是：这本书不是要告诉你具体做什么，我可不敢指挥家长哦！这些活动只是一个起点，你可以严格地遵循书上的内容，也可以和孩子一起在荒野中自由折腾。

　　这本书可以承诺的是：节约钞票，环境友好。更重要的是，收获快乐，而且是合家欢。因为，诚如著名的美国自然文学作家梭罗所言："所有美好的事物都是野性的、自由的。"其他伟大的哲学家们和荒原狼摇滚乐队，甚至将他们的代表作，直白地取名为"生性狂野"。

10个秘诀让孩子高高兴兴地出门

1.带上食物　走进树林或公园（或任何地方，哪怕离开你的厨房仅十步之遥）前，请务必带上应急的葡萄干、面包或巧克力。糖果肯定是个魔鬼，但这个魔鬼可以使你的孩子走完全程回到车里，这可比那个隐藏在孩子体内的、因疲劳而发怒的魔鬼要好控制得多。如果你要离开家超过一个小时，那么冬天的一瓶热水、夏天的一瓶饮用水是必需的。

2.保持温暖与干燥　别忘记让孩子们穿上当季的衣服，不然孩子受凉后会不停地嚷嚷，甚至会生病。要周到考虑冬季的防风防水、夏天的防晒遮阳，否则一旦疏忽，野趣即刻烟消云散。因此，请在寒冷的季节，穿上防水服、雨靴、袜子，戴上帽子；在温暖的月份，戴上遮阳帽，穿上胶鞋和宽松的棉质衣服。哦，如果你要与带刺的植物打交道，得记住穿上长袖衣裤。有太阳的日子，要涂好防晒霜。

3.谨防与玩具和技术设备竞争　自然的吸引是强力而敏感的，但你不能指望它与平板电脑、玩具相抗衡，这不是一个公平的竞争。因此，当你们出发去野外探险时，请把那些东西留下。不然，当你沉浸于自然之时，你的孩子很可能正陶醉于视频网站，这太冒险了。不过，带上书本总是一个好主意。或为年幼的孩子在树荫下朗读，或让大孩子们在一片寂静的绿洲中享受阅读，如果是有关自然的书就更好啦。

4.灵活安排　你也许已经想好了一个有关解剖蒲公英的活动，然而，你的孩子却想用土豆捣碎机把蒲公英捣成纸浆。在他们把纸浆涂上彩纸之前，你必须立即放弃你的计划，否

则，你将会走向不可挽回的疯狂。

5.三人成群 或许这是每一次外出活动最好的方式。你带的孩子越多，他们的快乐和兴趣就越多，烦恼也会越少。

6.不要低估孩子 看着你的孩子从眼皮底下消失，摇摇晃晃地爬到了一棵树的最高分枝上，或者用小手握着一根大木棍，你可能会感到恐惧。有预防措施是明智的，但记住：你的孩子比大多数成人对他们的评价更有能力和创造力，毕竟，他们具有你的基因。

7.不要太贪心 对你的家庭成员要求太多同样是错误的。孩子的腿不够长，他们的注意力也是有限的，只可能完成一个小计划。即便兴致高涨，也不要让一个4岁的孩子在一条无趣的小路上步行几千米。如果他厌倦了，你只能抱怨自己安排得不够好。

8.不求"完美" 我们的目标不是"光鲜"与"完美"。无论是用树枝做成的木筏、窝巢，还是羽毛笔，完成的作品很可能会不尽如人意。如同你不会对一个嬉皮士要求太多，这只不过是一个过程而已，朋友。

9.注意采集 如果与淘宝结合起来，生活的点点滴滴都可以得到改善。每次你离开家，即开启了一个去发现最美丽、最奇异、最亮丽、最耀眼的自然物的旅行。当你找到一枚自然物，放进口袋里，到家后，将这些宝贝用一个精致的器具陈列起来，放在窗台、书架或壁炉架上。记住，要用心来采集。你可以读一下第8页上的十条戒律。

10.共享快乐 自然活动——最棒并使它不同于所有其他活动（玩具、电视节目、主题公园等）之处——是它不必被贴上"适宜年龄段"的标签。它是适合每一个人的。无论是愉快的，还是讨厌的，都会让每一个参与其中的人感到惊奇，让最不可思议的事情发生在每一个参与的伙伴身上。

工具包

去自然探险或者野外寻宝，最好备齐专业的工具，比如指南针、头灯、画架等。除了购买，我们也可以在厨房的橱柜里找到合适的工具。

如果你有清单中所列出的家用工具，那这本书里的每一个活动都可以开展。它们中的一些正被你闲置在橱柜内或水槽下，有些在杂货店里可以买到。

你可以做的事：

1.选择相关季节对应的分册——比如秋天，翻到你想要探寻的自然对象，如橡果，你会发现开展活动所需要的一个相关物品的清单。

2.花30秒钟从完整工具包中找出你所需要的物品，并集中在一个袋子里。

3.离开屋子。

4.去野外搜寻你要的橡果（或其他任何自然之物）。

5.打开袋子，拿出工具，根据你的想象力来指导孩子们去摆弄、敲打、粘贴、涂绘以及捣碎橡果，或利用本书有关橡果那一章节里的活动，来启发大家。

有了这个工具包，你带的这群小鬼可以根据各自的能力，或是共同或是单独完成预定计划，用不同的工具做不同的事情。这样的好处是，在任何一天，任何人采用一套工具和自然材料都能开展无数不同的活动。这些活动有些来自本书，有些来自孩子们的大脑；有些容易，有些复杂；有些可控，有些不可控；有些苛刻讲究，有些会有点脏兮兮。另外，除了那些需要利用工具来完成的活动外，书中也有一些能让你放松身心的瑜伽活动。

完整的工具包清单

剪刀

彩纸

彩色笔和蜡笔（无毒）

绘画颜料（无毒）

刷子

透明胶带

双面胶

绳

蓝丁胶

针和线

铅笔

纸巾

聚乙烯醇胶水（PVA胶水）

食用色素

铝箔外卖盒（只需要在餐后清洗并保留几个）

放大镜

橡皮筋

带盖子的果酱瓶（先准备1~2个即可）

园艺小泥铲

旧床单/白色的碎布料

纸盘

塑料杯

大塑料袋

旧塑料瓶

记号笔

烤肉叉子

鸟食

托盘或塑料垃圾袋

卷尺

旧纸盒碎片（小片就行）

吸管

手电筒

白纸

纸板（卡片）

盐

小刀

塑料吸管

手表/秒表

毛巾

蜡烛

丝带

酸奶盒（罐）

水桶和铁锹

这是你需要的所有工具，你也可以酌情带上自己喜欢的工具。像我的一位家人，每次离家时总希望戴头灯、穿雨衣并拿上指南针，你为什么要去阻拦他呢？

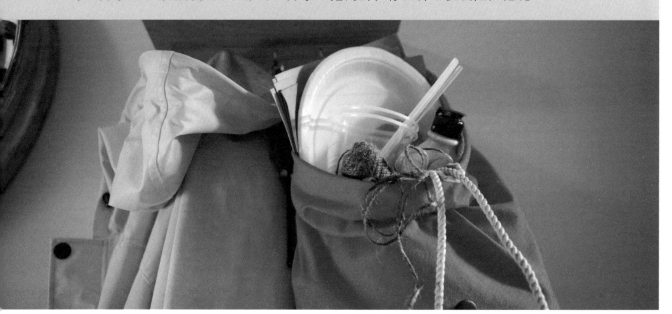

自然与孩子 ——
理想的，糟糕的，危险的

直觉告诉我们，自然是"一个好东西"。然而，就像我家一样，日常生活总是按部就班地进行，不经意间数周时光已经过去，而我们却并未接触到这个好东西。

回忆一下你最快乐的时光：令人眩晕的喧闹、快节奏、焦虑生活中的片刻宁静，如同暴风雨中心的平静一样。你肯定经历过。当时你或许并不是在一边刷微信一边发消息，也不是在听音乐、看电视，而很可能是在户外。

对我来说，这正是尽量多带全家外出的最好理由。在广阔的天空下，甚至在一个普普通通的公园里，我们彼此亲近在一起。我们给予彼此更多喘息的空间，无论是字面本身还是比喻的意思。我们斗嘴少，笑声多，站得更高，呼吸更深，行动更快，我们也都更专注。好像我们的注意力远远超出了广阔的地平线。

如果你需要更多的理由激励自己走出家门，一系列有说服力的、不断增加的、有关自然好处的研究结果可以供你参考，尤其是针对孩子的。下面我们来看一些科学调查的结果。

理想的

● 在最幸福的英国人中，80%的人说，他们与自然有密切接触。

● 英国儿童慈善机构Play England的调查结果，打破了现代孩子更喜欢在室内玩科技产品的神话。当被问及最喜欢在哪儿玩，88%的孩子都说喜欢海滩或河边，79%的喜欢公园。球类、骑车、爬树都比电脑游戏更受欢迎。

● 伦敦大学国王学院对相关研究进行综述时发现，在自然环境中学习的孩子，在阅读、数学、科学和社会学方面的表现更好。

● 2006年，英国政府的自然环境顾问机构Natural England对青少年休闲时间的研究指出，花时间融入自然可以产生更好的自我形象，提升自信度、社会技能和处理不确定事务的能力。

● 若干研究指出，接触自然能减少攻击性行为。

● 最低程度的接触自然也有作用。美国宾夕法尼亚州的一家医院历时10年研究发现，能通过窗户看到树木的病人和那些面对墙壁的病人相比，需要的止痛药更少，并发症更少，出院也更早。

糟糕的

● 三分之二的英国家长相信，他们孩子的自由散步时间比散养鸡还少。

● 美国孩子每天户外的自由活动时间，平均只有30分钟，而在电视屏幕前的时间则长于7个小时。

● 2009年，仅有10%的英国孩子在自然环境中玩耍；而在20世纪70年代则有40%。

● 2014年，基于2000名英国中小学生的调查显示，35%的学生从未去过乡村。

● 根据2008年英国慈善组织National Trust的调查，三分之一的孩子无法辨认喜鹊，一半人讲不出蜜蜂和胡蜂的区别；然而，90%的人却能认出科幻片中的机器人戴立克。

危险的

● 在英国2~15岁的孩子中，30%超重或肥胖。在美国6~11岁的孩子中，肥胖儿的比例比20年前翻了一番。

● 在美国，精神失常儿童的数量在过去的10年中持续上升。现在，美国有高达20%的人遭受精神失常的痛苦。

● 在英国，从2007年到2012年，利用药物来治疗注意力缺乏症和多动症的孩子超过50%，仅在一年中就开出了657 000份处方。

● 统计显示，在英国10%的孩子和青年有精神健康问题。他们中的4%正在遭受诸如焦虑症和抑郁症的困扰。

十条戒律

培育而不是伤害自然的一般守则：

尊重所有野生生物

不恐惧任何生命，不压、不踩、不重击它们，无论它们是多么渺小与丑陋。在野外，你有时会发现，自己只是野生之家的一位客人，要和你的野生朋友友好相处。

尊重私有财产

不管是一片田野还是一个花园，如果它属于别人，就不要去侵犯它。想象一下，如果有人闯进你整洁的家园，并开始翻箱倒柜，将东西扔出窗外，你会有何感受？

尊重公共空间

这些地方你当然可以用，但是切记，你的使用不要妨碍后来者的使用。不要因你的行为，使美丽的自然成为其他人眼中的一个野餐点上留下的一堆废弃物。

阅读和尊重标识

就个人而言，在篝火营地，每当看到"禁止踢球"的标识时我会更想踢球。但每一个标识都是有道理的。尊重标识，也就没有人会扫你的兴。

考虑其他的使用者

你在打泥仗，或玩泼水时发出的刺耳叫声，会让旁边一对打算来一次浪漫野餐的情侣兴趣索然。要友善地减小声响，保持安静，或干脆换个地方。

留下你所发现的东西

最好是在你打道回府时不留任何痕迹，尽量确保你所发现的地点与你到达时没有两样。

将你制造的垃圾带回家

带走任何你带来的东西，包括剩余的野餐食物、工具及你的户外作品，除非它由百分之百的自然材料构成，能够返回自然状态。

让动物处于受控状态

包括那些更"野蛮"的家庭成员，我这里特指狗狗。

路边的野花不要采

对花草还是以拍照的形式来保存为好，而不是采摘。当然你可以采集跌落的花朵、落叶、少量散落的细枝、剥落的树皮。

思考：有些生命在这里生存

就算是生长在路面石板缝隙中最矮小的两片叶子也可能是某些动物的家园。自然世界是属于你的，也是属于其他生灵的。

春

暮春三月，江南草长。亲爱的朋友，你可知何处寻莺？

幸运的是，这世上依然还有许多地方景色宜人，而其中的多数，都有着美丽的春光。在这些地方，可以看见"忽如一夜春风来"的情景。漫长的冬季结束，灰暗的大地复苏，我们也不再哈出寒气。新的生命，或破土而出，或蹒跚而来，世界顿时变得多姿多彩。住在这里的人们，不需要到处去寻找春天的踪迹，因为每天打开房门，春天的气息便会扑面而来。

如果你就要去这样一处地方，祝贺你！赶紧把这本书和工具丢进背包，给你的双脚套上运动鞋，马上出发！直到春天结束再回来！

但是，对于我们一家来说，尽管只是住在世界第十五大城市边缘的小屋里，情况就不同了。

春天来临的气息在市区要微弱很多。在乡村田野，莺歌燕语，花红柳绿，春意甚浓。但这盎然春意，经过工业烟囱，穿过高速公路，来到我们身边时，仿佛像"噗噗……"泄气的气球，变得瘫软无力，只见春意阑珊。

事实上，在类似我家这样的地区，春天不是扑面袭来，而是挣扎而来，采用的方式类似于蒲公英在铺路石夹缝中突围，或是荨麻在沥青操场边缘斑驳地生长，这一切并不像开头引用的诗词。类似的地区并不罕见，如果我们以超人的方式穿越回一百年前的地球，然后对人类居民进行随机抽样，你会发现，他们中只有13%的人住在城市。如果时间近一些，来到1990年，则有40%的人居住在城市。再近一些，到2010年，城市人口比例已经过半。继续展望未来，可以确信，到2050年之前，城里人的比例会高达惊人的70%。

增长速度之快是不是让你感到眩晕？我是晕了。不管怎么说，从20世纪开始我们和自然的联系就开始变少，但是人类集体对此的反应多少有点无动于衷。

如果我们看不见自然，不能沉浸在自然的景象、声音和气味中长大，我们为什么要关心自然？可是如果我们不关心自然，那小鸟、蜜蜂、草地和树木的未来又会如何呢？

就是对这些问题的思考，这种模糊但不可动摇的若有所失感，促使着我们发动越野车,去搜寻春天。

一个春天的搜寻者应该是什么样子的?这样的考察活动需要什么样的工具?应该朝哪个方向出发?甚至当春天来到我们面前时,我们能不能辨认出它?

为此,我们先尝试举办了一些家庭竞赛:谁能在伦敦塔桥昏暗的阴影下数出最多的雏菊?躺在游乐场滑梯的最高处时,你能辨认出哪些类型的云朵?我们也开始和一些热衷于将家庭和自然相联系的人做探讨,或酷炫,或巧妙的一些想法就蹦了出来。

现状实录

■ 据联合国称,现在有十几亿儿童生活在城市地区,而且数字还在持续上升。

■ 在上一代英国人中,近一半的儿童经常在野外玩耍,现在却不到十分之一。

■ 在美国,只有26%的母亲说他们的孩子每天都在户外玩耍,尽管有71%的人只记得自己小时候曾这样做。

■ 2008年,英国儿童慈善机构Play England的一项研究显示,有50%的英国孩子被警告不要爬树,而20%的英国儿童已被禁止玩耍打栗子游戏。(译者注:打栗子游戏,指用七叶树果实进行撞击的一种游戏。七叶树的果实和可食用的板栗很像,但有毒。)

■ 一项有700名儿童参与的调查发现,有一半的儿童无法辨认出幽灵蜘蛛、橡树、蓝色山雀或蓝铃草。

■ 英国皇家鸟类保护协会(RSPB)研究发现,在上一年接触过自然的人中,有75%的人做了一些改善环境的好事。相比之下,没有接触过自然的人则做得少得多。

■ 根据美国康奈尔大学2006年的研究,让成年人关心环境最直接的途径,是让他们在11岁之前参加野外自然活动。

以上所述,正如著名自然博物学家大卫·阿滕伯勒爵士所说:"除非理解自然,否则便没有人会去保护自然。"(译者注:大卫·阿滕伯勒,自然博物学家,拥有32所英国大学的荣誉学位,BBC电视节目主持人及制作人,被誉为"世界自然纪录片之父"。)

草地

草原覆盖了地球上20%~40%的土地面积。

据估计，世界范围内约有11 000种草本植物，包括从矮小的草坪用草（人类的自然栖息地），到齐腰高的芦苇（莺类的自然栖息地），再到打破世界纪录的50米高的竹子（熊猫的理想栖息地）。

为了寻找户外活动的灵感，我们拜访了位于欧洲第二大住宅区的一所幼儿园。幼儿园位于一个荒废的灰色主干道旁，与其说这是一个为儿童打造的奇幻世界，不如说它更像一幢摇摇欲坠的办公大楼，但这正是这所幼儿园的现状。

透过脏兮兮的玻璃窗往教室里看，资金和资源的缺乏暴露无遗。许多在伦敦南部的日托幼儿园都悬于高空——孩子们被"困"在狭窄的混凝土楼房里，无法进入任何安全的地方玩耍，更别提花园了。但是，尽管这里没有充足的资金，却有热情和专业。任何季节、任何天气，学校都会让孩子们套上长筒雨鞋，穿上防水衣裤，进行每周至少两次的户外课程。

门开了，萨曼莎·奥利芙领出了四个兴奋的小人儿。她催促着他们穿上户外服装，擦干净鼻涕，然后领着他们走上主干道，向伦敦西南方向的罗汉普顿大学的豪华绿地进发，只需步行十分钟他们就可以到达另一个"世界"。

有一些男生在仔细观察着虫子，另一些用树枝探测着草地。"这类森林学校的负责人会制订一个学习计划，但也允许孩子们按照自己的兴趣，主导自己的行为活动。"萨曼莎解释道，"这就是森林学校能够有效培养学生自信和技能的重要原因。"

有些孩子试探性地踩进了水坑，紧接着奇妙的事情发生了：他们面露喜色，眼睛发亮，欢快地踩起水花来。这时萨曼莎列举了一些森林学校改变学员生活方式的例子。（译者注：森林学校，既可以指学校或社团这样的物理实体，也可以指一种户外教育模式。）

有些孩子在上学前被贴上了"有行为问题"的标签。在他们之间，有的孩子有了活动空间，能释放情绪，最终会平静下来；有些住在拥挤公寓里的孩子，经过五个学期的学习后便不再推搡、殴打室友；还有一个沉默寡言的小女孩，在谈论到森林学校时变成了喋喋不休的话痨。

还有一些其他的例子，比如迈克尔，一个说话滔滔不绝的四岁男孩。在他来到森林学校的第一个学期，当他的伙伴们跑过崎岖的草地时，他却沉默地走在后面，最终完全停了下来。老师发现他盯着自己的脚默默地掉眼泪，于是问他是不是被鞋子弄伤了，迈克尔摇摇头指向了地面。老师询问他是否想牵着自己的手，迈克尔点点头。老师耐心地向他展示如何抬脚走过不平坦的地面。原来，迈克尔已经习惯平坦的水泥地，却不知该怎样走过颠簸的自然路面，草地把他给吓到了。

引人思索的事实

■ 是草本植物让栖居洞穴的人类能够从狩猎采集者得以进化，他们能耕种可食用的草本谷类植物，也可以在草地上放牧。

■ 据说，一块232平方米的花园草坪就可以产生一个四口之家所需的氧气。

■ 如今，世界上大部分的糖都来自一种叫作甘蔗的草本植物。

■ 草本植物是微小的毛虫、雄健的鹿，还有大熊猫的主要食物，也是一些体型介于它们之间的其他动物的主食。

携带的工具
剪刀
绳子
果酱瓶
绘画颜料
刷子
白纸

起步的建议

搭建一个巢

春天里，像小鸟一样就地取材，亲手搭建一个鸟巢吧。

1 寻找材料：不同质感和长度的草，以及你遇到的任何枝条、叶子和苔藓。

2 使用较长、较坚韧的草制作几种不同尺寸的草环，将草的两端系在一起，固定在适当位置。

3 将草环一层层嵌套叠放。最大的草环是巢的顶部，往下逐渐变小一直到底部，形成一个基本的形状。

4 根据巢的基本形状，使用较短的草、树枝、树叶以及你能找到的合适材料，在草环之间进行编织和支撑，让巢能够站立起来，将巢撑大，调整它的结构和形状。

5 找到一些"鸡蛋"放在巢里（一些椭圆形的小石头就不错，还有橡果、丢弃的啤酒瓶盖，以及其他类似的任何东西）。

提示 可以尝试使用不同的材料和不同的搭建方法，进行对比试验。

15

帮助小鸟筑巢

可怜的长尾山雀，为了收集筑巢所需的地衣、苔藓、羽毛、毛发和蜘蛛丝，必须飞行1126千米。它们也期待有个家具超市，只需利用周末去光顾一下，就可以得到所需的一切。所以，让我们帮长尾山雀和其他的鸟儿一个忙，为它们做一点儿"采购"吧。

1　去户外寻找筑巢的材料。椋鸟喜欢灌木丛的新鲜绿叶和草坪上的苔藓，或者是毛皮动物的皮毛、毛发和羊毛；家雀偏好秸秆和青草；而家燕、欧歌鸫和乌鸫则会在巢穴里添加泥土。

2　搜集好所有材料后，将它们集中放在灌木丛的中间或下面，以便鸟儿能够轻松、快速地得到它们。

制作一个草冠

早期的罗马帝国人在举行重要仪式时会佩戴花环，其中，草冠是军人最高级别的装饰，专为营救了大部分或全部军队成员的英雄士兵而设。一个别致的草冠就可以让一个固执的男孩或调皮的女孩心甘情愿地听从指挥。

1　寻找到一种美观、坚固、纤长的草（例如芦苇）。

2　收集能找到的最长的草条。

3　将几根草条编织在一起以增加强度，然后将它们绕在你的头部，在末端打结，使草冠大小适合你。

4　装饰你的草冠。你可以加上花、叶子或羽毛……任何你喜欢的东西。

山坡翻滚

不需要我来告诉你如何做这个吧。我知道，最好的方法是忘记所有指令，在一个没有规则束缚的世界里，完成一次野性的、美妙的、令人眼花缭乱的翻滚下坡。但是，如果你想知道一个最快且最安全的滚坡方法，可以参考以下内容。

1　找到一个斜坡。坡度的大小取决于你想要多快的速度，但是请记得去坡底查看有无垃圾、动物粪便和电网。

2　丢掉任何阻碍你翻滚下坡的东西：包包、口袋里各种杂乱的东西，所有这些都会减慢你自由滚动的速度，还可能会伤害到你。

3　以与斜坡垂直的角度躺下。如果以任何其他角度，你最终只会横在山坡上，无法滚动。

4　双臂要么在头上保持伸直，要么在身体前面交叉。

5　把你自己"丢"下山。

6　爬起来，跑回去，滚下来，别让你的脑袋停止晕乎！

7　再重复一次！再重复一次！不厌其烦！

幼儿可能喜欢成年人在山底截住他们。我们当然会这样做。

用草打造铜管乐队

据说用这个方法吹出的高音口哨，如果持续时间够长，就有可能引来一些危险的捕食者。目前在伦敦城郊只有非常稀少的土狼、猞猁和美洲狮，但是我们并不介意这些。

1　找到草丛，从中拔出一片完美的叶片。理想的叶片应至少与你的拇指一样长，完整且宽阔。

2　将叶片顶部置于指尖，让叶片顺着拇指向下指向手腕。

3　抬起另一根拇指，使叶片夹在两根拇指之间。确保叶片平整、拉紧。

4　把你的拇指放在嘴唇上，向拇指之间能看见叶片的小缝隙里吹气。

5　如果一切都在正确的位置，叶片应该会振动，发出响亮的口哨声。

制作一个果酱瓶小花园

1　考虑好谁将住在你的果酱瓶花园里，因为这将决定你的制作和景观设计方式。

2　如果是为虫子搭建花园，你必须设计得实用。将果酱瓶直立，用不同的草、叶子、泥土和苔藓打造层次，让虫子可以挖洞、探索，也许还可以大快朵颐。

3　如果是为了美观，你需要将花园的不同元素集合在一起——观赏性大于实用性。在底部放一点泥土，然后用修剪过的草制作一个柔软的基底，再插上更长的草和花，将它们固定在下面的泥土中，创造迷你的"树林"、"灌木丛"和"草地"。鹅卵石和石子也是很好的道具。你可以选择将瓶子侧卧或直立。

4　记得完成后，尽快将任何活的来访者放到你自己的花园里。

提示　果酱瓶小花园也可以作为不同塑料玩具的生境。要记住，如果放恐龙，需要同时放入它们爱吃的植物；如果放塑料牛仔，则需要放置枪战时便于它们隐蔽的树枝或草木。

寻找一片四叶草

《科学美国人》曾经研究过找到幸运四叶草的科学概率。研究结果大致如下：

1　10 000株三叶草中有1株长有四片叶子。

2　一块60平方厘米的草坪里通常有200株三叶草。

3　所以，要找完10 000株，你需要搜索大约一个办公桌大小的面积。

4　有心理学研究支持的杂志《三叶草搜索专家》指出，"快速扫描法"效果最佳。与其仔细检查每株三叶草，不如快速浏览草丛，等待一株四叶草突然出现在你眼前（你可能会用脚轻轻地拨开其他植物）。

5　你的大脑应该会自动关注你所看到的任何偏离常规的东西。

6　记住你的位置。四叶草可能是由遗传缺陷造成的，由于一小片三叶草丛通常出自一棵植株，如果在一片草丛中发现四叶草，那么其中可能会有更多四叶草。记下这个位置或用石头标记，以便再次找到它。

7　挑选一株代表幸运的四叶草，你可以把它压成标本（请参见第72页压花）。

幼儿搜索幸运四叶草就足够获得快感啦，所以和它们在一起就忘记科学和数字吧。

织草

九百年前，诺曼人征服英国的整个历史被编织成一个名叫贝叶挂毯的杰作。不过，要完成这样长达70米的大作既费心又费力，或许在公园待一下午也做不到。但是，你依然可以制作一些同样美丽的东西（更小一点、更抽象一点的）。

1　找到四根长度相当的、相对直一点的木棒。

2　将棒子摆成一个正方形，使它们的末端稍微重叠，并用绳子紧紧地捆扎以固定每个角。这就是你织草的框架。

3　剪一些比框架长一点的绳子，先将它们横向绑好，然后纵向绑好。随着这些绳子的编织完成，你拥有了自己的"织草机"。

4　寻找长条状的草。如果你想添加花样和图案到"挂毯"里，可以寻找不同纹理和颜色的草。

5　把草穿过"织草机"上的绳子，进行编织。

6　当你创造了一种令自己高兴的图案，你（或是你的祖母，你那些幸运的朋友或亲戚）就可以随时展示你的"挂毯"。再增添一点想象力，"织草机"的树枝框架还可以做出一个相框。

幼儿可以放宽一点绳子之间的间隔，如此一来，织草对他们来说并不是太复杂。他们也可以尝试用花来增加色彩。

大孩子可以将绳子的间隔放窄一点，形成一个更细腻、更详实的编织作品。他们可以尝试用不同纹理和颜色的草来设计图案和形状。

土地

别相信土地的字面意义，它看起来像是最朴实、最平庸的材料。但是，从你家的后花园或路边捧起一把土，里面的生命数量可比全球的人口还多。土地，EARTH，这个词非常特别，同时包括两种矛盾的含义：一个极为宏大，指整个地球；另一个似乎微不足道，指一小块泥土。泥土是一切事物的基础：是我们脚下的地面，是土地将我们和这个星球连接在一起，并能让我们回溯猿类祖先的历史。你相信吗？

你有多少时候会光着脚板在泥土上走动？说实话，你是不是觉得这个举动有点恶心？我们曾经的，现在已成化石的祖先，才是真正意义上的"脚踏实地"。数千年后的我们，双脚更多时候是踏在铺筑过的路面上。隔绝脏东西的先是一层薄袜，然后是2厘米厚的聚氨酯鞋底，再下面可能是一层厚厚的沥青，沥青下面是一层被压实的沥青碎石混合料，再加上30厘米厚的细骨料基层，80厘米厚的沙子底基层，最终才能到达泥土（现在，可能要改称之为"地基"），真可谓是一场从鞋子到土壤的旅行。

以上的一切，是不是让我们不那么"接地气"，难以接触或了解组成我们环境的真材实料？是这样的。然而，为了接地气，如果你选择去离家30分钟路程的地里拔一根胡萝卜，沿途还得像滑雪障碍赛一般绕过垃圾，脱下你价值不菲的鞋子，上演一场赤脚革命，而不是只花3分钟路程去超市买一根，这似乎又有点过分了。

因此，我们选择以不那么激进的方式来拯救人类和土地的关系。我们定期对土地进行短暂的拜访，把我们的手脚插入土中，玩堆土、捣土、撒土、踢土，收获嬉笑和尖叫。然后我们穿上鞋子，踏上铺筑的路面回家，顺路把泥土清理掉。

引人思索的事实

■ 土壤是一个含有不同物质的混合体，比如完全腐烂的植物、风化的岩石以及矿物质等。

■ 至少需要500年的时间才能形成2.5厘米厚的表土。

■ 鼹鼠每天可以在土里挖掘出20米深的隧道。

■ 蚯蚓可以通过取食腐烂的物质、排泄出更多肥沃的粪便，并在土中通过蠕动将这些物质混合，将营养带入表土，从而打造优质的土壤。

■ 世界上10%的二氧化碳排放物储存在土壤中。

■ 以研究泥土为职业的科学家，通常将上层1.2米厚的地壳定义为土壤。

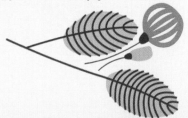

携带的工具

放大镜

园艺小泥铲

纸

蜡笔

带盖子的果酱瓶

手表/秒表（或你的手机）

起步的建议
搜寻动物痕迹

在土地上耐心搜寻动物的痕迹，这可是一种非常令人满意的，也许能打发一下午时光的事。不过，如果你耐心不足，想象力却丰富，我在下面提供了一些出人意料的生物脚印供你狩猎。

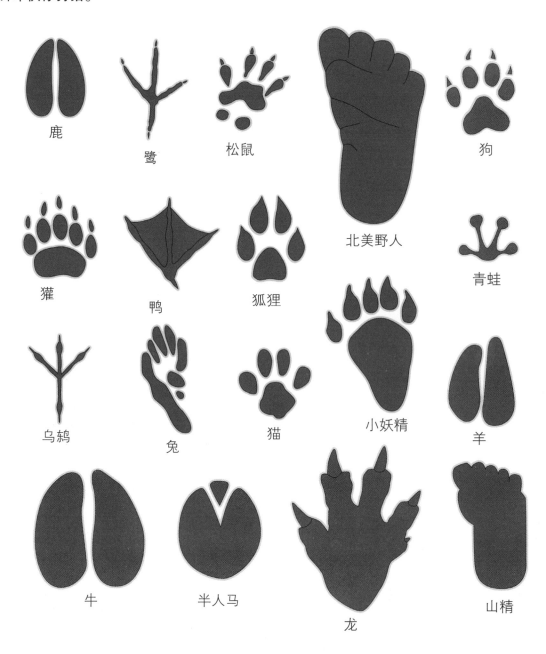

鹿

鹭

松鼠

北美野人

狗

獾

鸭

狐狸

青蛙

乌鸦

兔

猫

小妖精

羊

牛

半人马

龙

山精

抓影子游戏

有时候，要说服所有家庭成员离开屋子并不容易。有时候，一些家庭成员情愿开车绕远路也要避免徒步走最短距离的路线。有时候，他们会莫名其妙地突然"病倒"，或者遭受到除看电视外，其他医疗手段无法治愈的剧痛。这正是玩抓影子游戏的好时机。

1 找到一个或多个对手。

2 决定谁先来当"追击者"，这个人必须追逐其他人的影子并试图踩上去，其他人则迂回穿行或快速逃跑避免被踩。通常，发出尖叫也是正常的。

3 一旦追击者成功踩到一个人的影子，被踩到的人就会变成新的"追击者"。

保持脚不落地

这个游戏可以在花园、操场、林地，甚至围有矮墙的路面上进行。我认为这个游戏的潜力无处不在。

1 这个游戏的目标是在脚不触地的情况下，尝试移动尽量远的距离，所以要选择有许多突起物的户外地点，以便你可以从上面走过或爬过。

2 寻找矮墙、树桩、游乐设施等突起物，你可以利用它们行走而脚不触地吗？记住突起物必须足够坚固牢靠。如果哪松动了，你掉下来摔伤了自己，那这个活动就失去了任何意义。

3 互相竞争。看谁能在相同的环境中，脚不落地而往前移动的距离最远。

在泥地上画画

你是泥浆界的米开朗基罗（意大利艺术家）、泥土界的德加（法国画家），还是沃土界的修拉（法国画家）？

1 找一块好的泥地，越大越好。

2 找一根木棍。

3 用木棍在泥土上绘制杰作。

为朋友制作一张藏宝图

1 选择一个地点，可以是当地的儿童活动场所、公园、花园或者小片林地。

2 在所在地点确定至少五个地标，比如花坛、树桩、一段原木或一些儿童娱乐设施，在每处留下交叉的两条树枝，或者以一堆石头作为标记。

3 画一幅所在地的地图，在每个地标处标注一个叉。

4 把这幅地图给你的朋友，他们的挑战是阅读地图并据此到达每个地标点，捡起每个地标的标记。

幼儿绘制地图时可能需要一些帮助，但在选择地点和看图寻找标记时，他们会有突出的表现。

大孩子可以制作更加复杂的地图，而且和"寻宝"相比，他们可能更偏好"定向越野赛"这样的专业名称。

土壤挤压测试

所有的土壤都可以被分为三类：黏土，营养丰富但排水缓慢；砂土，排水迅速但难以保持营养物质和水分；壤土，最理想的土壤，含有水分和营养，但不会湿透。你可以通过以下这种超简单的挤压测试，判断你拿到的是什么类型的土壤。

1　用手取一把湿润的土壤（不要完全湿透），然后用力挤压。

2　打开你的手。

3　如果土壤保持原状，当你轻轻一戳时就碎掉，恭喜，你拿到的是理想的壤土。

4　如果它保持原状，戳完还坚挺地立在你手中，那你拿到的是黏土。

5　如果你一打开手掌，它就分崩离析，那你拿到的是砂土。

研究你的土壤

这个活动适合的对象是小小地质学家，或者无论结果如何都会充满热情的人。

1　找一些泥土，放进一个或两个果酱瓶内。

2　往瓶子里加入两倍于泥土的水，盖上盖子摇匀。

3　静置一个小时后，近距离仔细观察里面的东西。

4　如果水已经稳定，你应该可以看见瓶子里有不同的分层（也许你需要放大镜的帮助）。在底层，你会发现一些鹅卵石，加上一层泥土中的砂粒。砂粒往上是一层粉砂粒。再往上，你会看到变浑浊的水，因为土壤中的有机质（大部分是腐烂的植物）就溶解在其中。漂浮在顶端的，是土壤中尚未完全腐烂的有机物质。

大孩子可以了解砂粒沉在底部的原因，因为砂粒是土壤中最大、最重的。粉砂粒小且轻，所以位于沙砾的上层。

引诱一条地下的蚯蚓

引诱蚯蚓——通过重击土地将蠕虫吸引到地面——实际上这也是一个工种。在北美有一种叫作"打呼噜"的职业（译者注：在诱捕时，用铁条在插入土中的木桩上摩擦，会发出呼噜声），从业者会将引诱到的蠕虫卖给鱼饵商店。很遗憾，"打呼噜"在英国仅被当作一项运动。在林肯郡举办的伍德霍尔蠕虫引诱节上，参赛者需在30分钟内引诱尽可能多的地下蠕虫，可以采用除挖掘和灌水之外的任何方法。

1 雨后某个时段，集合你的朋友并找到一块有潮湿土壤的地方，然后去引诱蚯蚓。

2 收集一些敲击地面的材料，如石头、棍棒、树枝、你的双脚和铲子，这些在游戏里都是可采用的。

3 定个时，30分钟可能过于雄心勃勃了，所以先计时3分钟吧。

4 大喊："各就各位，预备，开始！"然后开始各种各样的引诱技能吧。

5 注意观察有什么东西从土里扭动出来了，时间结束时能够吸引最多蠕虫钻出地面的人获胜。

试试跑酷

跑酷是一种鸟，是一架飞机？不，是让我们四处跳动、蹭破小腿的运动！如果你的住宅小区和我们的相似：人行道多于土壤，那么就能跑酷。这种运动也被称为"自由奔跑"，它让人行道变得无比酷炫，把封闭的街道变成了无限可能的操场。这似乎有点讽刺，这种最城市化的运动却能带给人们最接近荒野生物的自由感。

跃过城市建筑，你可以像小鸟一样自由，像猎豹一样跳跃，像海鸥一样翱翔，像小鹿一样躲闪，或者和我们的情况一样，更像是腊肠犬一样笨拙。事实证明，跑酷其实挺有难度的。我们在当地操场训练时，常常是身负擦伤回家，而非荣耀。不过这里有一些基本的动作，通过大量的练习，多加小心，你也可以做到完美无缺，让人印象深刻。

当你的家人准备尝试跑酷时，要确保他从简单动作开始，并且持续评估他的能力。

1 训练跳跃

找到一个长凳或者一堵矮墙，练习安全、舒适地跳向地面。先用双脚跳，双脚着地，然后练习用一只脚领跳，双脚轮换进行领跳，反复练习直到掌握窍门。一旦大孩子尝试过了"单脚领跳"，可以练习在跳跃前助跑以及在移动时跳跃。然后，他们可以稍微提升高度进行练习。

2 学习跃过障碍物（不撞到它，或者中途停止）

找一个不太难的跨越对象作为开始，也许几块砖的高度比较合适。稍微助跑一下，用一只脚领跳，然后双脚腾空跳过去。当你可以做到这点并且没有减速或碰到物体，落地后还可以继续跑步，那么可以更进一步，找一个稍微大一点的障碍物跨越。

3 练习撑跳

你需要一个长而窄的东西来练习，可以从一堵矮墙开始。将两只手放在墙上，然后靠双手支撑，将身体腾空，并把腿跨到墙的另一边。类似于跳山羊这样的动作。明白了吗？你也可以采取助跑来帮助跳跃。

4 保持平衡

在摇晃情况下保持平衡的能力是跑酷的关键。你可以练习在路边矮墙上行走，在低矮的游乐设施或任何地方练习单腿站立。

大孩子如果想学习其他动作，网上有许多指南和视频。在落地后进行合适的翻滚是接下来需要进行的练习。要鼓励孩子们循序渐进，量力而行。

江河、溪流与池塘

当我想到"美好童年"，映入脑海的总是河流与小溪。

我梦中的童年就是在水边度过的：沿着河岸赛跑、跳跃。追逐蝴蝶，用自制的鱼竿钓鱼。听着瀑布的潺潺水声，引人一探野外的美景。看着蜻蜓在高高的草丛上方飞舞，鲑鱼跳跃着逆流而上。我们打着水漂，却蹭伤膝盖。轻轻拂去灰尘和小小的伤痛，点燃篝火，把抓到的鱼烤了吃掉，在吉他的伴奏下唱着民歌。

"美好童年"与"梦想之河"这两个词是匹配的，因为"河流"是唯一可以承载"童年"的地方。然而在现实中，我无法在任何地图上找到这样的河流。确实没有！除非你是一个极其幸运之人，住在一个极其美好的地方。否则，你只能找到接近梦想的河流，它们是存在的，甚至有一些和梦想密切相关。下面是我努力搜集到的、与河流相关的一些事实。

1 根据电子地图计算，河流也许就在30分钟车程的地方，然而你常常需要花费一个小时或三刻钟才能到达，这是因为：a)高速公路严重拥堵；b)周末道路检修；c)有人生来就看不懂地图。

2 当你到达那儿时，有些人可能会因为以下原因，在接下来的20分钟里脾气暴躁：a)在车里发生过讨厌的争吵；b)花粉过敏；c)在车里睡了一觉，有起床气；d)只带了一只防水长靴。

3 现实中的"梦想之河"往往是：a)各地分支小河的汇合处；b)坐落在远离主干道的地方；c)大约在十年前就已经干涸成了不屑一顾的小细流。

4 一旦你接受了这个现实，只要调整好心态，你仍然可以享受乐趣。真正的河流其实比"梦想之河"更加有趣，因为：a)有真性情的人类为河流带来生机（你身边的人，那些偶尔发脾气、把地图倒过来看的人）；b)一旦你开始戏水奔跑，所有令人分心的事都会消失；c)如果你车里有一个塑料袋和一些强力胶带，就算只带一只防水长靴也够用了。

引人思索的事实

■ 在过去的一个世纪，英国70％的池塘消失了。

■ 一种被称为池塘溜冰者的昆虫——水黾，真的可以在水上行走，它们利用表面张力以及腿上疏水的细小刚毛，在池塘水面上滑行。

■ 世界上最长的河流——尼罗河长达6650千米。

■ 如果你把世界上所有的江河之水相加，它们也只是地球上全部水量的0.0002％。

■ 尽管如此，超过65％的饮用水依然来自江河和溪流。

携带的工具

放大镜

园艺小泥铲

果酱瓶

绳子

铝箔外卖盒

剪刀

毛巾

起步的建议

打水漂

用石头打水漂的纪录保持者是一个叫作罗素·拜尔的美国人，他让一块石头在水面弹跳了51次。与此同时，对于最优打水漂石头的选择，打水漂专家们明显分成了两派，一派支持光滑的石头，另一派则捍卫表面坑洼的石头。对于这个全球争议的话题，我保持中立——打水漂界的永久中立国。在这里，只介绍一些非常基本的打水漂的方法。

1 寻找一块石头——尽可能的轻薄，大概为你手掌的大小。

2 尽可能地下蹲到与水面平行。

3 用拇指和食指捏住石头。

4 挥动你的手臂，将石头从略高于脚踝的高度射向水面。尽你最大的力气并尽可能水平地抛出石头。

5 你在抛出石头的瞬间，通过抖动手腕让石头在离开时旋转。

6 计算石头在消失之前弹跳了多少次。

树枝漂流

找一条有桥跨过的河流或溪流。

1 和一个朋友或几个朋友一起寻找树枝。

2 站在桥靠近上游的一侧，数到"3"时，将树枝同时垂直放进水中，不能朝远处丢。

3 跑向桥靠近下游的一侧，看看谁的树枝最先出现。

扬帆起航

几年前，我们帮助一些喜欢去户外活动的家庭成立了一个名叫"木工团"的组织，并且设计了这个活动。现在它依然是"木工团"中最受欢迎的活动。

1 收集一些树枝，尽可能找直一些的。

2 将树枝掰断或切割成差不多的长度。

3 将树枝排成彼此相邻的一列，就像矩形的条形码。

4 现在用绳子将树枝紧紧地绑在一起，在它们之间编织并打结绑紧。

5 放一对新的树枝与原来的树枝呈直角，一个在前面，一个在后面，用来加固"木筏"。

6 用绳子将新树枝绑在原来的结构上。

7 在木筏一端的两根树枝之间插上一根羽毛或一片树皮，让它直立起来做成帆。

8 现在，让你的帆船航行或比赛。如果放入的是静止的池塘，你可以吹吹它；如果水是流动的，就让它顺流而下。

幼儿需要有兴趣的父亲来帮助。有研究表明，这些父亲平均只需31.4秒，就会沉迷其中。

岸边拾荒

有比"淘泥"更好的词来解释这个游戏吗？这个词起源于乔治王朝时期，是指沿着河岸线游荡，捡拾任何有光泽的东西，从古老的金丝带到生锈的可乐罐（至少，这是现代的版本）。曾经，这是伦敦穷人寻找路过船只掉落的贸易小饰品的方式。现在，它已经成了一个精彩的家庭娱乐活动。

1 到达河岸。

2 沿着岸边来回行走，寻找各种发现，如陶器碎片、纽扣、工具甚至骨头。

3 收藏你的捡拾物，围绕它们来自哪里、最终是如何被冲到河岸来的过程讲述故事。

提示 记得检查潮汐时刻表，不要捡尖锐和生锈的东西，拾荒结束后应及时洗手。

果酱瓶钓鱼

1 剪一段大约和你的身高差不多长的绳子。

2 将绳子的一端紧紧地系在果酱瓶的瓶口处。

3 提起绳子，晃动果酱瓶，确保绳子系牢了。

4 如果你在一条比较深的河流的岸边，请尽可能用力地把果酱瓶投掷出去（务必确认绳子的另一端在你手中，否则果酱瓶将"不翼而飞"）。如果你所在的河流比较浅，河底布满礁石，那就把果酱瓶轻轻地放进水里。

5 把果酱瓶拉回来，看看里面有什么，然后计分：少量的淤泥计1分，一些植物计2分，石头计3分，垃圾计4分，小鱼或其他水生动物计5分。结算好总分后，记得把所有的生物放归河中。

池塘打捞

这个活动的方法和果酱瓶钓鱼差不多，但只能在静水中完成。随身带上一个铝箔外卖盒也很好，这样你可以将果酱瓶里的东西倒入其中，并用放大镜更仔细地检查你的发现。在你看完它们之后，要把所有活的生物都送回池塘。

你可以看见的池塘生物

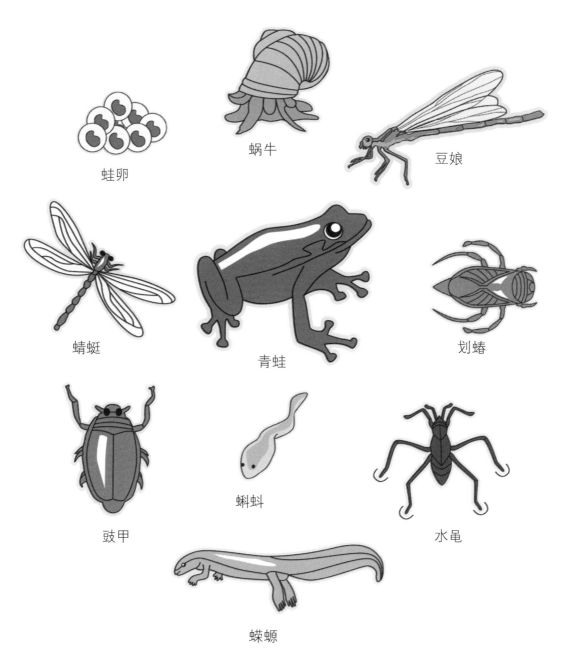

蛙卵

蜗牛

豆娘

蜻蜓

青蛙

划蝽

蛂甲

蝌蚪

水黾

蝾螈

预测蝌蚪的年龄

- ■ 孵化10天后：蝌蚪开始四处游泳并取食藻类。
- ■ 6周：它们长出短小的后腿。
- ■ 9周：它们的"手臂"开始生长。
- ■ 12周：它们的尾巴萎缩为短小的残留。

沉子和浮子

假设，你的孩子在发现"浮子"一词的含义时喜不自禁，并在任何情况下都无比兴奋，发出无法抑制的尖叫……再假设，你的丈夫已步入中年，但对于"浮子"有和孩子一样的情绪反应，那么，你可以派他和孩子一起去吵吵嚷嚷地玩这个游戏。在他们欢闹期间，你赚到了一次非常好的休息机会。

1 找一个静水的池塘或深水坑，河流这样的流水不是特别理想，但是迫不得已也可以选用。

2 每个人收集尽可能多的、不同性质和重量的材料：石头、叶子、树枝、草、花……不能有两个一模一样的东西，每个材料必须有所不同。

3 把材料丢进水里后，有最多"浮子"的人，就是赢家。

4 当你收集好材料后，站在水边，依次将其丢入水中。

5 如果它下沉，大叫"沉子"！

6 如果它漂浮在水面上，大喊"浮子"！然后笑到前仰后合，仿佛是为自己的机智骄傲不已。

大孩子在大笑后还会发现，这实际上是一个探索物体密度的好机会：沉子下沉是因为它的密度比水的密度更大。

游泳

无论你身在何处，只要搜索户外游泳协会的网站，你会发现有相当多的安全的户外游泳场所。为了让它们适用于孩子，这里有一些建议。

1. 选择容易接近的地方，比如微微倾斜的河岸或海滩。

2. 让成年人检查水的深度，并进一步确保里面没有任何危险物。

3. 在脚上穿点东西，如塑料凉鞋、潜水鞋、旧运动鞋等，它们可以帮助你无忧无虑地进行探索。

4. 热身运动可以让你保持温暖。

5. 靠近岸边游动，直到你适应水温为止。记住，要始终靠近你的同伴。

6. 准备好毛巾，发抖时赶紧裹上。一保温瓶的热水也是必需的。

重要注意事项 户外游泳是最棒的。但是你真的必须非常小心，绝不能去你没有100%安全把握的地方游泳！

搜寻两栖动物（以及水怪）

两栖动物，顾名思义，是指既可以在水里，也可以在陆地上生存的动物。它们一开始都是生活在水中，有腮和尾巴。比如，青蛙就是两栖动物，它们被古埃及人奉为生命和繁殖的象征。不过，在中世纪的欧洲，青蛙则被认为是魔鬼。所以，你现在也可以说出一些青蛙的历史渊源了。

带上一个放大镜，在池塘中仔细寻觅，看看你能否发现以下这些：

蝌蚪

苏格兰水鬼

蝾螈

青蛙

日本河童

蛙卵

尼斯湖水怪

格林迪洛水怪（出自
《哈利·波特》）

蟾蜍卵

蟾蜍

徒手摸鱼

1 穿上防水靴，踏入一条小溪，蹚水走一点点距离后，非常安静地站着。

2 有没有一些小鱼接近你？不惊动小鱼的最近距离是多少？

3 出其不意地迅速出手，你能碰触到这些灵活的小家伙吗？

尝试瀑布瑜伽动作

1 双脚分开，与胯同宽。站立，深呼吸。

2 将你的双臂在头上伸直。

3 轻轻地弯曲回来，打开你的胸部，想象瀑布从你的指尖流向地面。

提示 我不是瑜伽老师，所以这些都不是专业的指导。如果你想正确地探究瑜伽，可以找一位有资质的瑜伽教练。

蒲公英和雏菊

野草，野草，奇妙的野草。雏菊和蒲公英生命力极强，据说它们可以生长在除南极外的任何地方。它们顽强的精神可能成为各地珍爱草坪的父辈的敌人。正因为它们可以在铺路石缝隙和停车场的草丛及田野里被采到，所以雏菊和蒲公英是从古至今世界各地孩童们的玩具。

在枯燥的星期天，时间难熬，让人觉得度日如年；一次次拜访远房的姨妈，让人觉得特别无聊；在学校放假期间，大家都跑去海边度假，社区空荡得像一座鬼城。这些时候，我们就需要蒲公英来打破僵局。

这完全是一个观念的问题。就我个人来说，我喜欢一个不那么入流但是可以让两个野孩子进去玩耍的草坪。有同样观念的还有凯莉•布罗德菲尔德，她是英国多德福德儿童度假农场的管理员。她望着自己居住和工作的红砖大房子前的花园说："基本上我们是有意识地在种植杂草。"1951年，这个农场正式向中心城区的贫困家庭开放，让这些家庭能暂离被炸毁的、烟雾弥漫的战后社区，获得喘息的机会。

今天，这个农场仍然向市中心的学校团体，还有那些苦苦挣扎、需要休息的家庭提供长达一周的度假机会。农场的大部分游客来自英国伯明翰附近的城市，经由社会工作者和全科医生推荐。如果孩子们和父母一起来，这两代人都从未见过活生生的农场动物的情况也并不少见。

"儿童可能只在书本里见过这些动物。"凯莉说，"父母亲有时会试探性地接近一只健壮的雄绵羊，然后坦承：'我从来没有接近过一只羊，这真的是一只羊吗？'"

刚到农场的孩子们常常带着特殊需求或行为问题，但是，凯莉说，通常是孩子的父母更需要努力去适应农场生活。"他们在成长过程中没有接触过大自然。年幼的孩子从车里跳出来，看完动物后就离开了。然而对于一些成年人来说，养殖圈内的黑暗和沉默让他们感到恐惧。想让成人在户外和动物们一起消磨时光，可能要使他们和孩子感受到同样的快乐。但通常发生的是：成人在2天之内提出，想带家庭成员回家。"

因此，野草成了凯莉魅力攻势的关键武器。她和同事每天都要带一大群孩子和成人在户外活动，借给他们防水靴和防水服。在春天，孩子们带着桶去收集蒲公英的叶子，如果他们采集得够多，就会拿去喂豚鼠和兔子，然后再分给猪、羊、驴。"这对他们真有治愈的效果，"凯莉说，"即使是最严重的自闭症患儿，几天之后，孩子的父母和老师都会说他们表现好了许多，安定了许多，睡觉吃饭好了许多。因为大自然不会对你不寻常的行为或轮椅评头论足，动物们也不会，只要你带上蒲公英的叶子，动物们就会感到开心。"

引人思索的事实

■ 蒲公英的英文dandelion源自法语dent de lion，意思是狮子的牙齿（因其叶片呈锯齿状）。蒲公英在法语中还被相当粗俗地称之为pissenlit，即尿床，因为蒲公英是一种很传统的利尿剂。

■ 据说，一个蒲公英绒球含有一百粒或更多的种子，每粒种子都有自己的降落伞，帮助它在风中旅行。

■ 雏菊是一种传统的治疗感冒和流感甚至是缓解消化不良的药物。

■ 雏菊的英文daisy一词被认为源于day's eye（白天的眼睛），因为它们的花在黎明开放，到黄昏合拢。

携带的工具

果酱瓶

纸

刷子

聚乙烯醇胶水（PVA胶水）

蜡笔

绘画颜料

针线

剪刀

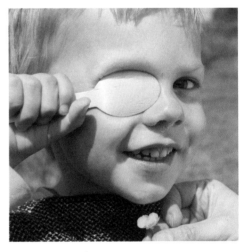

起步的建议
制作蒲公英花环

‧‧

我们第一次看见的蒲公英花环出自三个女孩之手，她们坐在尘土飞扬的路边，当时正值户外游戏节。2009年，一群来自布里斯托尔的人们决定：封锁道路交通几个小时，这样孩子们就可以在大街上玩耍。随后，这个做法像滚雪球般扩散开来。今天，英国各地的街道上都会定期举办自己的户外游戏节。在这几个小时里，摩托车和自行车取代了汽车，溜冰者在跳房子玩家和挥舞着粉笔的街头艺术家身旁穿行。这次，当我们身处这场微型革命中，睁大双眼吃惊地发现，现场还出现了蒲公英花环，就像是老式的雏菊花环一样，但是更大、更粗。我们喜欢它的外观，试戴之后最终爱上了它。

1. 收集一些蒲公英，保留花朵下面完好的长茎。

2. 用你的拇指指甲在第一枝蒲公英茎上戳一个洞。

3. 将第二枝蒲公英的茎穿过戳好的洞，临近花朵时停止。

4. 在第二枝蒲公英的茎上戳个洞，然后穿上第三枝蒲公英。

5. 在第三枝蒲公英上戳洞，以此类推，直到它们足够长，能够做成手环、头冠甚至是皮带。

6. 将最后一枝蒲公英的茎穿过第一枝蒲公英前端的小洞，制作成花环。

卷曲的蒲公英花茎

‧‧

1. 用你的拇指指甲或小刀将蒲公英的茎分成几根长条。

2. 在果酱瓶里装入一些水，把茎段放入水中。

3. 观察茎卷曲的现象——几乎会立刻发生。

4. 这些卷曲的茎很有用，从拼贴画到过家家的烹饪"菜肴"，它们可以是泥浆汤中很棒的"面条"。

大孩子如果想了解背后的科学道理，这当然也是一次探究渗透作用的实验。

制作蒲公英时钟

有些人宣称，当你吹完蒲公英绒球后，剩下的种子数量就代表了你还能活几年。这真是无稽之谈！我们倾向于一个更常见的传统游戏，用它来确定时间。

1 找到一株成熟的蒲公英，它的头状花序已经变成了种子绒球或者说"时钟"（在北美被称为blowball——用来吹的球）。

2 用力吹气。

3 像这样计算你吹气的次数："1点钟……2点钟……3点钟……"直到所有的种子都被吹散。你吹最后一口气时数到的"几点钟"就是蒲公英时钟"显示"的时间。

制作蒲公英种子绘画

当我们忙不过来，或者想远离孩子们的调皮捣蛋，让家里稍微清静一会儿时，我们可以开展以下活动。

1 收集一些蒲公英种子绒球。

2 想象你可以用它们蓬松的种子制作什么样的图画，是云还是毛茸茸的动物？

3 取出一些纸，用刷子粘上胶水画出一个形状。

4 现在把蒲公英吹到纸上，让它粘在胶水上。

5 轻轻摇晃一下纸，看看纸上蒲公英的模样。

6 你可以用蜡笔或颜料在纸上其他地方添加细节，绘成一幅画。

蒲公英画笔

在蒲公英花朵的头部蘸上颜料，然后用它在纸上轻触、旋转、点滴或者摩擦，形成不同的图案。

幼儿可能会涂抹出一大块灰暗的棕色涂鸦。

大孩子可以尝试不同的风格：小巧的点彩画，印象派的涂抹画，抽象派的朦胧画……

制作看不见墨水的蒲公英画笔

1 将蒲公英的茎切成45°的斜角，让它看起来像蘸水钢笔的笔尖。

2 如果你眯眼斜看，能看见茎里面有白色的汁液。

3 用茎在纸上画或写。你需要用力挤压，并且不断剪出新的"笔尖"。

4 你写下的信息或绘出的图案一开始几乎是看不清楚的。没关系，把它晾干后一切就都能显现出来了，到那时你就能看见了。

用雏菊装扮自己

1 制作雏菊项链、手环、头饰和戒指（参阅"制作蒲公英花环"的说明）。

2 将雏菊花环穿入裤衩。

3 把单株的花茎插在耳后。

4 将花茎插入衬衫的扣眼，或者插入袖扣的扣眼来表彰工作辛劳的父亲。

5 给你自己戴上雏菊花皇冠或者后冠。

6 制作一个耳环，用针线刺穿花的绿色底部（茎开始的位置），取下针，将线打结时留一个足够大的环，然后将花悬挂在耳朵上，好酷！

制作小仙女的食物

小仙女的饮食丰富多样。根据我们去的地方以及当时的季节，我们曾说服她们，如果没有其他东西可吃，要吃任何东西：从割下来的草到发霉的树皮到啤酒瓶盖。

小仙女基本上是贪吃且不挑食的，她们在户外寻觅食物，将食物切成小块后收集存放在任意容器中，最后吃掉。这就是说，雏菊花瓣是小仙女们的美味。虽然贪吃，但小仙女们只会吃掉所有的花瓣，她们非常小心地取下花瓣，且不会撕裂它们……这是她们的一个癖好。

1 收集一些雏菊。

2 将花瓣从花上取下来，要非常小心，不要撕裂它们。

3 把花瓣放在一个碗状的容器里：贝壳、橡子帽或者叶片都可以。

4 寻找一个安静、避风的地方，把容器放在树底下、树洞里等类似地方。

5 不要期待看见小仙女过来吃它们。她们可是有名的神秘生物。除非你从她们的视野中消失，否则她们是不会出现的，这是小仙女的另一个癖好。

把蒲公英吃了

有这样一则惊人的广告："精心处理后的蒲公英花是可以吃的，它们营养且美味。去尝试一下吧，你会爱上它们……"你想试一试吗?

1　收集一些蒲公英。

2　取下花瓣，并仔细清洗。

3　将花瓣撒在沙拉上，给沙拉增添鲜艳的色彩，然后吃掉（或者看着你的父母来做这件事）。

空气

就这样，在度过了一整个春天的户外小探险之后，在装满尿布、抹布、防水套装的车里，我们意识到还有一件大事需要去做：和家人朋友们一起野营旅行。

伟大的诗人沃尔特•惠特曼认为："成为最优秀的人的秘诀，就是在户外长大，在原野上吃饭睡觉。"他显然没有尝试过在下着濛濛细雨的黄昏搭建一个帐篷，同时背着一个玩着玩具尖叫的小孩，腿则被另一个刚被强制戒除动画片瘾的小孩抓着。

借来的炉子难以点燃，充气床上有一个婴儿拳头般大小的洞。还有，我们低估了深夜时的清新空气会如此地"清凉"，而你和"清凉"之间只隔着薄薄的一层帐篷，在突袭的寒潮离开之前，一些孩子已经冲进了你的被窝。亲爱的读者，这可是一个很长、很长的夜晚。

然后，在凌晨4时30分左右，第一缕阳光如同清淡的茶水般洒在帐篷上，寒意正在退去，令人惊喜的事情出现了。刚开始是一声孤零零的鸟鸣，随后传来了一声俏皮的回应。很快，就像是百老汇必演的多部经典音乐剧挤在了同一舞台上，各路角色一起用最大的声音陶醉地唱响了各自不同的歌曲。

显然，黎明大合唱在一年中只能持续三个月，并在我们选择去露营的时间里达到高潮。在仲春时节，食物变得更加丰富，繁殖季开始，结束迁徙的其他鸟儿也加入到本地鸟儿的大合唱中。

当时我并不知道这些，我所能想到的是，这些年来，我们家那廉价的双层玻璃究竟是如何隔绝这些嘈杂的声音。它们太吵了，我担心会吵醒孩子们。果然，"那是什么？"从睡袋底下传来了一个小小的、低沉的声音。"我想这是黎明大合唱。"

引人思索的事实

■ 空气是不同气体的混合物，它覆盖在地球表层，被称为"大气层"。

■ 地球上大多数动物和植物都需要空气来维持生存。

■ 空气通过吸收太阳的有害射线、降低极端气温来保护我们。

■ 空气由78%的氮气，21%的氧气，较少量的氩气、氢气、二氧化碳，以及别的气体组成。

携带的工具

蜡笔

绳子

剪刀

放大镜

果酱瓶

纸

你的耳朵

你的眼睛

你的鼻子

起步的建议

定点观云

我们常常这样做，在驾车旅行时，站着排队时，等待做饭的食材时……只要能看见天空就行。你可以在大峡谷中，或者高耸的高层建筑上，在任何地方这样做。

1 抬头看。

2 云朵呈现出什么形状？你能看见一条龙，还是一辆车，或是一座城堡？

3 如果你们成群结队，可以大家轮流搜索并辨认它们。如果你单独一人，那就任由思绪放飞，唯一的限制就是你的想象力。

进一步的观察

如果你愿意的话，可以更进一步看看你能否识别上方云朵的专业名称。右页的指南将会帮助你了解所寻找的东西。

早起——欣赏黎明大合唱

我会直接给你定个时间：凌晨4时30分，非常早。你要从床上挣扎着起来，顶着一团沉重的、刚睡醒的头发，穿着皱巴巴的睡衣，痛苦地扭动着、呻吟着，来到当地的公园。如果你打算尝试，就应该严格遵循下面的指导方针。

1 考虑你所在的位置。我完全支持你的雄心壮志。但是从现实出发，你并不需要到遥远的地方去聆听，一个城市中那些枝叶茂盛的绿地也会有很棒的黎明大合唱，甚至一个阳台或花园，靠近家和床的地方比遥远的地方更可取。

2 事先了解你选择的地方是否允许在凌晨4时30分进入，不要到了公园门口才发现大门紧闭。

3 核实太阳升起的时间：黎明大合唱会在日出前后半个小时达到巅峰，你可不要错过哦。

4 准备一大杯热巧克力和一大堆食物（我们喜欢热的、有黄油的、黏黏的麦芽面包，用许多锡箔纸包裹起来）。

5 记得带上保暖的衣服，非常保暖的那种。

6 在适当的时间叫醒你的同伴。

7 找一个舒适的地方去等待，然后打开你的热巧克力和食物开始享用。

8 洗耳恭听……

卷云

卷积云

高层

超过6000 米

卷层云

高积云

中层

2000 ~ 6000 米

高层云

层积云

雨层云

积云

低层

0 ~ 2000 米

层云

积雨云

你能听见多少种鸟儿的鸣唱

如果你担心早上4时半起床会影响朋友和家人，我表示理解。我在这里为你提供一个比较可行的选择，我可不是开玩笑的。

1 在一天中更合适的时间离开家。

2 站在一个树木不太郁闭的地方。

3 竖起耳朵听。

4 尝试分辨和统计你能听见的不同类型的鸟鸣。

大孩子可以在英国皇家保护鸟类协会网站（RSPB）上找到鸟鸣的音频指南。

听声辨鸟

这个游戏没有真正的"规则"。如果你是个大孩子，还联想到《粉红豹》这部电影，就会觉得自己有点像电影中的加图，克卢索雇用它随时跳出来攻击自己，以保持警觉。

1 游戏随时都可进行。

2 无论你走到哪里，都要保持眼尖耳灵。

3 如果你能在听到鸟鸣声后，不假思索地大声喊出"北长尾山雀"（或其他鸟类的名字），以至于把某些人手上的东西都吓得掉了，你就赢了。

尝试飞机瑜伽运动

这个动作真的很难保持平衡，所以最好慢慢地、小心地，在柔软的表面上进行尝试。

1 双脚分开站直，双手放在身体两侧。

2 当你呼气时，张开双臂与肩同高。

3 吸气，身体向前弯曲。

4 在地平线上寻找一个点来集中注意力，这将有助于你保持平衡，呼气。

5 慢慢吸气，将一条腿从地面抬起，伸向身后（不要强迫自己去做这一动作）。

6 呼气，把脚放回地面。用另一条腿再试一次。

春天的气味和声音

许多生物，比如刺猬、兔子、老鼠和獾，很大程度上都很依赖自己的嗅觉。我的家族就有一个遗传优势，可以让我们远距离识别并追踪到鱼排薯条店。除此之外，和大多数丛林动物相比，我们的嗅觉是相当弱的。如何提升你的嗅觉敏感度？教你几招。

1 到户外去。最好是林地，不过任何露天的地方也都可以。

2 你能辨认出多少种春天的气味和声音？

3 先从地面开始：是否有动物沙沙或窸窣作响？你能闻到割草时散发的气味吗？

4 然后将注意力向上移动到灌木和花丛：是不是有更多的沙沙声？是否听到小鸟从枝条上惊走或蜜蜂嗡嗡作响？是否闻到花儿释放的香味？

5 再朝向更高的树枝和天空：你能听见鸟鸣或虫鸣吗？能捕捉到风中夹带的气味吗？

提示 如果你愿意的话，可以和朋友比赛。谁能够听到最多的声音和闻到最多的气味就是获胜者。但须谨防作弊：每个人都必须要同时指出自己的发现。

到户外去做一个冥想

为了对本书进行全面的"上路测试"，我已经让我四岁的孩子尝试了这个活动。因此，我有充分的经验来告诉你，这个活动更适合年龄较大的儿童，那些能安静坐着超过15秒的儿童。当然，如果你能逃离你的孩子几分钟，成年人也能乐在其中。

1 在户外找一个地方坐下，一个舒适而安静的地方，尽可能地远离喧闹。

2 交叉双腿，双手放在膝盖上，闭上眼睛。

3 慢慢吸一口气，同时从1数到10。

4 慢慢呼一口气，同时从1数到10。

5 放开思绪，不带任何目的，聆听周围的声音1分钟；如果你开小差了，则应把注意力带回到你所处环境的声音中。

6 现在试着集中注意力，每一次集中在一种声音、一只鸟或一阵风上，让其他声音淡出成为背景。给每种声音1~2分钟的聆听时间，然后转向另一种声音。

7 聆听结束后，慢慢睁开双眼，抬头看向天空，注意云朵或者飞机所呈现的图案。

8 慢慢地将你的视线降低，观察任意树木上的叶子以及它们在微风中的摇动。

9 吸气并注意你周围的气味，欣赏自然界的大美。当我们为生活忙碌奔波时，自然就在我们周围悄然无声地运转着。

去露营

在阳台上摆几张椅子，在椅子上铺上毯子；在花园的桌子上铺一张床单；或者支一个帐篷——即便只是午后的几个小时，让视线离开高速公路。

带上零食和保温杯，从你的帐篷/床单/毯子后面朝外观察外面的世界，你所能体验到的一些东西是不会让你失望的，即使你是这样一种人——只要能回家洗个热水澡，享用干净的床单就非常满意了。

制作一条你自己的彩虹

在果酱瓶里倒入一些水，并把它带到阳光下。如果你在室内，把果酱瓶放在靠近窗户的地方。把一张白纸放在阳光直射的地方，将果酱瓶靠近纸张上方。慢慢改变瓶子的位置和倾斜角度，观察它对纸张的影响。

当你找到正确的位置和角度时，阳光会穿过水面，发生折射，从而在纸上投射出一条小小的彩虹。

提示 选择太阳高照且光线强烈的时候。

54

虫子

"臭虫和昆虫有什么区别？"这个问题在一天早餐时被人提出来。三代人的手——从四岁孩童沾满黄油的拳头到七十岁老人长有老年斑的手——都停止了伸向嘴的动作，只有烤面包片若有所思地停在空中。

"这是一回事儿，一个是俚语，另一个是……术语。""昆虫有翅膀，而臭虫生活在木头下面。""是的，蜘蛛也是昆虫，对吗？""但是蜘蛛没有翅膀……"大家七嘴八舌地议论。

我上网搜索定义。"所有昆虫都属于节肢动物门，"我隔着几罐果酱读道，"节肢实际上是指'分节的附肢'，所以任何有分节附肢的微小动物都被分在这一门类，包括昆虫、蜘蛛、蜱虫、蜈蚣……凡是你想得到的都是。昆虫纲可以继续分成许多目，蜻蜓在一个目，甲虫在一个目，而臭虫在另一个目。臭虫可以通过以下特征来定义，它们并没有我们熟悉的嘴巴，而是有为穿刺和吸吮而设计的口器。"

四双眼睛像胶水似的"粘"在我身上，四张嘴巴发出"哇""哦"的声音。

但是，像半翅目、口针、门和节肢动物这样的词仍然会让我们结巴、嘟囔、喷出面包屑，而非自信地从舌头上蹦出来。

从英国卫报的一篇文章中，我了解到一个叫作"自然之友"的中国慈善机构，该机构希望能够将中国城市中的儿童和大自然联系起来。他们指出，在那些与自然的接触完全被切断的城市，大人小孩看见一只蚂蚁都会惊恐地尖叫起来。多年来，

自然之友的经验是：能知道各种生物的名字是有益的，尤其当孩子们能够发现生物之美时，收获会更多。但最有价值的是，如果不为分类阶元拉丁学名所困扰，将一枝美丽的未知花朵和自己的生活联系起来，人们便能感受自然，欣赏自然。

通过与自然时不时地、有效地保持联系，暂离课堂，不再追求一些可量化的价值和可测算的结果，一些孩子变得注意力更集中，另一些孩子更有想象力，有些更平和，还有一些孩子更有勇气。大多数孩子在不同的情景中体验到了不同的品质。

所以，要认清真相，了解你的极限！一个能点燃想象力的知识点，是非常有价值的。比如，你知道昆虫占地球所有生物种类的80%，甚至90%吗？正如自然大师大卫·阿滕伯勒所言："如果我们和其他脊椎动物一夜之间消失，世界上的其他生物还会生存得相当不错，但是如果无脊椎动物消失了，全世界的生态系统就会崩溃。"

但请记住，最重要的是要走进真正的泥巴，而不只是记住数据。我们可能不知道确切的专业术语，但是臭虫、昆虫、令人毛骨悚然的爬虫以及微小的生物都是我们进入自然界的第一个向导。当孩子们对

着树林里的水坑无聊地噘起小嘴时，你完全可以翻起一截潮湿的木头，映入眼帘的是由一群丧失视力却忙碌着的掘孔昆虫所组成的世界，任何人都会在几秒钟内被这一场景镇住。

引人思索的事实

■ 蚂蚁用触角来闻味道，蚯蚓用皮肤而不是用鼻子进行呼吸。

■ 百足虫，即蜈蚣，并不是真的有100条腿，英国百足虫的足数量从15对至101对不等，而且总是呈奇数对。它们有用于捕捉猎物的毒牙。

■ 带有鞘翅的臭虫，有时候被称为放屁虫，因为当它们受到威胁时会产生一股恶臭味。

■ 人们认为蜗牛可以提起相当于自己体重10倍的重物，蚂蚁则更加强壮，可以举起相当于自己体重50倍的物体。

携带的工具

放大镜
果酱瓶
白色床单
园艺小泥铲
塑料杯
刷子
纸
绘画颜料
铝箔外卖盒
透明胶带
塑料瓶
剪刀
叉子
绳

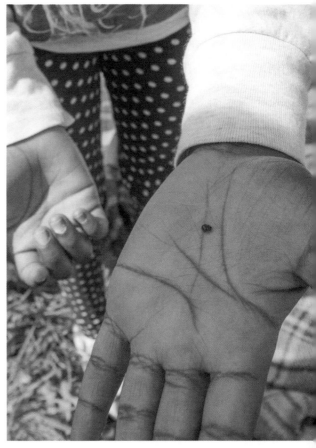

起步的建议

狩猎虫子

这是我们在自然界中最喜欢的，也可能是做起来最简单的事情。

1 要想到虫子栖息的地方狩猎，我们需要寻找潮湿、黑暗的地方。

2 探寻木头和岩石的下面，筛查土壤和落叶堆的底下，搜索植株及其下面的黑暗处。

3 假如在家附近，检查窗框、窗台、阴沟和排水管以及铺路石之间的缝隙。

4 轻轻地将虫子居住的地方掀开，或者小心地在周围翻找。

5 你可以在哪里找到哪些隐藏的小生灵？注意寻找蜈蚣、潮虫和蜘蛛。

6 用刷子将这些小生灵轻轻地转移到塑料瓶或果酱瓶中。

7 用放大镜观察它们：它们是什么颜色的？有几条腿？有没有翅膀？猜猜它们吃什么。

8 观察结束后，将这些小生灵轻轻地放回原处，让它们回家。

大孩子可以尝试对找到的小动物进行识别和分类。

轻轻地摇一摇树

1 找一棵树或一株灌木。

2 将白色床单放在树下的地面上，或者撑在树枝下方。

3 轻轻地摇晃床单上方的树枝。

4 树枝上会掉下哪些虫子呢？注意寻找蟓象、蜘蛛和瓢虫。

5 当你观察完这些虫子，轻轻地将它们从床单抖落到草地上放生，然后选择另一棵树或灌木继续观察，你还能找到别的虫子吗？

设下一个诱捕陷阱

如果你想要在自家的后花园，像贝尔·格里尔斯（《荒野求生》节目主持人）一样探险，这是一个很好的开始方式。

1 用铲子挖一个塑料杯大小的洞，把杯子放进洞内，使杯口与地面齐平。如果杯口比地面高，你将什么也抓不到。

2 找一些鹅卵石、几片树叶，还有一些草放入杯子底部。

3 为了防止雨水灌满杯子，你还需要在杯子周围放四块小石头，并在石头上方架上一小片木头，给杯子盖个屋顶。

4 让杯子过夜。

5 早上（如果你不想伤害虫子，不要太晚），揭开木片检查杯子里的东西，看看在夜间有什么生物掉了进去。

6 用放大镜仔细观察。

7 将生物轻轻地放归野外。

大孩子可以尝试在纸上绘制诱捕到的生物。一边通过放大镜观察它们的身体一边画，抓住细节特征。

做一个蚂蚁侦探

当蚂蚁寻找到食物时，会在巢穴和食物之间留下一道看不见的化学信息。其他工蚁会紧跟化学信息，并在经过时也释放化学物质。因此，忙碌的工蚁列队整齐，就像是穿着黑色套装的上班族在高峰时间穿梭往返。想要打乱这个有序的系统，你只需这样做：

1 找到一队循着轨迹行进的蚂蚁。

2 弄湿你的手指，然后在蚂蚁之间的空隙处垂直划过。

3 轨迹被切断后，下一只蚂蚁就会在你划过的地方短暂停留。

4 很快一大堆蚂蚁会困惑地满地打转，到处侦查，直到它们重新找到轨迹，恢复次序。

提示 尝试追溯轨迹的起点（可能是一个地下蚂蚁巢穴）和终点（非常有可能是食物所在地）。

寻找蚯蚓的头部

由于没有最富表情的脸，有时我们很难分清蚯蚓的哪一端是尾巴，哪一端是头。如果你发现一条蚯蚓，试着寻找到一个膨大的环带（也被称为鞍），靠近它的那一端就是蚯蚓的头部。现在，你该知道和蚯蚓说话时应该站在哪一边了吧。

找到一只潮虫宝宝

实际上，潮虫并不属于昆虫纲，而是甲壳纲动物！是的，与螃蟹和龙虾同一纲！雌雄交配后，雌性潮虫会把受精卵放在身体下方的一个小袋子里（所以潮虫的大名叫鼠妇）。幼虫在袋子里孵化、居住、向四周张望，直到它们长大到足以靠自己生存才被"释放"。我推测到这时，它们的母亲也松了一口气。

1 去寻找潮虫。

2 如果你在春天翻了足够多的潮虫——当然，非常温和地——你很有可能会找到一袋潮虫宝宝。

3 用放大镜，在潮虫的前腿之间寻找是否有一个黄色或白色的卵袋。

4 把潮虫翻回正面，和它告别，祝它好运。

制作一个果酱瓶蚯蚓养殖场

它们可能不是你一直梦寐以求的宠物，它们不是特别忠诚，很难表达爱意，也很难教会它们技能。但如果你有兴趣养一些蚯蚓，我可以教你怎么做。

1 在一个果酱瓶里填入潮湿的土壤，或者用土壤和沙子分层交替填充更好。

2 在上层放入蚯蚓的食物——可以是草屑、树叶，甚至土豆皮。确保所有放进去的东西都有点潮湿，但不是浸在水里的。

3 找几条蚯蚓，把它们放入瓶子里（不要超过三条，不让它们过度拥挤）。

4 用叉子在果酱瓶盖子上打几个孔。

5 盖上盖子，并找一个黑暗的地方放置你的蚯蚓养殖场。

6 蚯蚓很快就会钻入土壤层。

7 每天检查养殖场，确保泥土仍然潮湿，并更换坏掉的食物。

8 几天后拿出你的养殖场，看看能不能找到一些隧道，蚯蚓的运动有没有把土壤层和沙子层混杂在一起。

9 观察结束后，把蚯蚓送归野外。

建造一个潮虫迷宫（同时表演魔术）

个人经验表明，如果你的祖父母非常宠爱你，你可以在一个下午通过这个游戏获得一笔不小的财富。所以请仔细阅读。

科学解释：如果被迫做出一系列的转弯，潮虫几乎都是保持和上一次转弯相反的转向（所以右转之后是左转，接着右转，再接着左转，以此类推）。这个本能可以帮助它们基本保持"向前"的方向，即使它们要绕过很多障碍。所以……

1 收集一些相对直一点的树枝。它们要足够粗，这样你的潮虫就不会因为翻墙而犯规。

2 这个迷宫需要一个光滑的表面——一张放在桌子上的纸，或者直接利用不是很贵重的桌子。

3 用树枝组成一个迷宫。设计多个供选择的转角。树枝之间的宽度必须足够潮虫行进，但不够它转身（因此它必须保持前进）。

4 用透明胶带把树枝粘好，防止错位。

5 现在寻找一些潮虫。记住，它们生活在潮湿、阴暗的地方。

6 把潮虫带到迷宫之前，用刷子轻轻地将它扫起，然后弹入果酱瓶里。

7 告诉你的祖父母，你可以和潮虫进行心灵交流，控制它们在迷宫中的移动方向。每次你让潮虫按你说的转向，必须获得一些奖励。

8 耐心一些：你的潮虫可能会翻墙或者试着从树枝底下穿过去。如果是这样，你需要不断进行尝试或者收集更多愿意合作的潮虫。

9 在迷宫入口处放一只潮虫，仔细观察它最开始向哪边转，左还是右。

10 如果潮虫先向左转，告诉你的祖父母你已经命令它下一次右转了。如果先右转，则反之。然后大赚特赚，因为潮虫会"乖乖地"按方向转动。

11 继续下令，直到"蛀空"你祖父母的钱包。

幼儿需要父母的协助来建造迷宫。记住，如果你只是想找个简单的活动，这是一个选择。

举办一场虫虫奥运会

你也可以用迷宫让不同种类的虫子进行比赛，或者组织一个直线赛跑，用棍子在地面画出起跑线和终点线。

1 收集不同种类的虫子：蚯蚓、蜗牛、潮虫、蚂蚁……

2 如上述那样，建造一个迷宫，但在树枝之间留出更宽的空间，以便让像蜗牛这种更大的生物通行，创造"超车"的空间。

3 在迷宫入口处将虫子们排成一排（或者沿着起跑线），然后让它们同时出发（当然有些根本不会走。虫子们往往会不太合作，大个子们会立即作弊翻墙，但是作为裁判，你需要采取一些应对措施）。获胜者是第一个到达终点的虫子，无论它是什么虫子，用什么手段。

大孩子可以思考为什么某些虫子比其他虫子更容易穿过迷宫，它们发挥了什么特性？如何发挥的？

制作一个虫子游泳池

一天，孩子们决定在公园里打造一个"游泳池"，结果它是一个装满了肮脏雨水的铝箔外卖盒，这在某种程度上打破了我的想象。不过，虫子们却没我那么势利，蜜蜂前来驻足，不一会儿又来了些蚊子。当然，这完全不是一个大型游戏，但是我们被自己的野外动物考察迷住了。

1 为你的游泳池找一个理想的花园，如果你想吸引蜜蜂，记得选择开花植物周边的地点。

2 挖一个和外卖盒大小形状一样的洞，这样就可以让外卖盒的边缘和地面齐平。

3 用泥土盖住底部。这可能会让你的泳池看起来有点浑浊——更像是便宜的汽车旅馆而不是豪华水疗——但是蝴蝶会喜欢里面的矿物质。

4 在土壤上面放上不同形状和大小的石头。

5 把水倒入，确保没有把所有的石头淹没。这样，露出水面的石头会成为昆虫的降落点。

6 在泳池边再加上一些石头。

7 等待并观察你的游泳池吸引了哪些虫子。

大孩子可以尝试在旁边架上相机进行野生动物摄影。尽可能把自己隐藏起来，并尝试在虫子来喝水时拍摄。或者也可以把它们画下来。

建造一个虫子旅店

坦率地说，这可不是豪华酒店，只是一个汽车旅馆而已，那种可以让虫子在晚上放松一下触角，或在穿越花园的旅程中休息一下的地方。当然，你可以对基本设施进行精心制作，为旅店的评分增加几颗星。

有一些事情你需要记住：

两栖动物喜欢石头、砖头、旧的瓦片和陶土管道。

独栖性蜂类对于阳光下的几捆植物藤条会心存感激。

瓢虫在年末冬眠时会喜欢一堆堆干燥的树枝、树叶。

1 切掉塑料瓶的顶部和底部，将剩余的瓶身一切为二，形成塑料管道。

2 收集尽可能多的以下物品：冷杉球果、干叶片、树皮、树枝、枯木、稻草、干草、纸板碎片等。

3 分类整理好这些材料，使所有枝条在一起，所有叶子在一起，以此类推。

4 将每个塑料管道塞紧，把不同形状和质地的材料分层塞入，直到挤紧，没有任何材料会滑出。

5 把你的虫子旅馆放在户外一处安静、隐蔽的地方。

花事

你知道吗？每年，英国女王都会收到一枝来自格拉斯顿佰里的山楂花作为礼物。据说所采山楂树的祖先是在2000多年前从亚利马太的约瑟的手杖上长出的。（译者注：亚利马太的约瑟，圣经中的人物，耶稣的门徒之一。传说当他乘船顺着小河来到格拉斯顿佰里时，决定在这里上岸休息。疲惫无比的他，将手杖顺手插进土里。这时，奇迹发生了：他的手杖裂开来变成根和叶，落到附近的地里，长出几株茂盛的山楂树。）

你是否知道，日本自5世纪以来就有一个庆祝樱花首次盛开的传统节日，叫作Hanami——花见，或赏花。那时数以千计的人们会在开花的樱树下野餐。在这一举国痴迷的节日期间，日本气象局每年都会发布"樱花开放预报"，标明从南到北樱花开放的时间。因此计划参加花见庆典的人们可以追随樱花的脚步，欣赏1~2周的开花时节。

你肯定听说过英文里的may tree（五月树），也叫山楂，它们是唯一一种以开花月份命名的英国植物。在中世纪，它们被用来装饰五月花柱，以庆祝夏天的开始。哦，大家都相信如果把它们带入屋内就会惹来厄运。

究竟会不会呢？不必在意。需要记住的是，真正的厄运是：

在春末异常温暖的某天，你带着一群散漫的孩子抛开电子产品，徒步奔向沿河的崎岖小路，一路高歌大自然的奇观，歌声盖过了发动机的运转声、刺耳的音乐声和汽车喇叭的轰鸣声。

然后，一路上你被他们拖拉的脚步弄得筋疲力尽，终于连拖带拽地把他们带

到了正确的位置，却只找到爬满墙的荨麻、啤酒罐，还有其他挡在你和开花植物——这可是你要探寻的目标——之间的障碍物。

接着，在孩子们毫不关心、满脸疑惑的注目下，你大胆地穿过这些障碍物，冲出一条小道，却在附近发现了一群开心的搜寻者，他们正在采集你想寻找的目标。他们所在的灌木丛其实就位于一个开阔平原的中间，旁边就有一条很好走的路。

最后，你终于可以让孩子们挑满一桶的东西，看到怀疑的神情从他们眼中消失，取而代之的是惊讶。但是，紧接着你惊恐地发现，你混淆了落叶灌木接骨木的花（一种可制成美味饮料的花）和普通杂草峨参的花，并用它们制成了难喝的饮料，浪费了整整一个下午的时间。

我们就犯了这样的错误，你可不要重蹈覆辙哦。

引人思索的事实

■ 在日本，樱花的盛开象征着生命的转瞬即逝，所以从艺术、电影、音乐到和服、餐具，到处都可看见它们的身影。

■ 一只名叫"开花（Blossom）"的奶牛因为在19世纪30年代促成了世界上第一个抗天花疫苗的问世而备受赞誉。由于该疫苗接种的方法非常具有革命性，伦敦圣乔治医院仍然保留着"开花"的皮张，甚至连接种疫苗的英文"vaccination"也源自奶牛"cow"的拉丁文"vacca"，以表示对"开花"的敬意。

■ 接骨木的枝条很轻，而且被髓心填充，因此可以被挖空，做成极好的射豆枪。如果接骨木的枝条裂开了，还可以做成小船。

■ 山楂树上的荆棘可能会让孩子们讨厌，但是却讨农民的欢心，因为它们可以成为防御危险动物的树篱。

携带的工具

剪刀

绳子

彩纸和白纸

双面胶

透明胶

针和线

聚乙烯醇胶水（PVA胶水）

刷子

果酱瓶

颜料

卫生纸

起步的建议
装饰一棵复活节树

在我们家里，复活节树的装饰有点不循章法，异想天开。很难说这是因为我们每年对复活节树的成形关注不够，还是我们内心就喜欢它这个样子，这是一个类似"先有鸡还是先有蛋"的问题，真说不清楚。

不管怎样，它大致的制作方法如下：

1 出门，找到一些掉落在地的木棍和枝条。

2 把木棍和枝条放在家里的花瓶里，做成树的框架，用于悬挂装饰品。

3 未受损的树枝可以整个放入花瓶中，枝条可以涂上鲜艳的颜色。

4 接下来，寻找花朵。

5 取下任意花朵上的花瓣。

6 将花瓣粘在不同形状的纸上（星形，或任何你喜欢的形状）。

7 可以把一些图形进行涂绘，或用别的方式进行美化。

8 穿好针线，用线穿过各个图形的顶部。

9 把线系成一个圈，这样装饰物就可以挂起来了。

10 把装饰物挂在树枝上。

11 完成后享用一块蛋糕。

幼儿参与时，纸张可以预先剪成简单、无精细结构的形状，抽象地运用花瓣（想象一下美国抽象派艺术家杰克逊·波洛克作品中表现的花瓣）。

大孩子可以有更高的要求。例如可以将纸裁成小鸡的形状，并尝试用花瓣复原羽毛的纹理；或者将纸裁成长方形，然后用不同的花瓣来创作图案的轮廓和颜色。

打造一场花瓣暴风雪

想要孩子们释放多余的精力吗？下面的活动并不是什么高难度项目，而是防止孩子将过剩的能量释放给兄弟姐妹或家具的一个尝试。

1 寻找地面上的开花植物。尽你所能！多多益善！

2 将花瓣采摘下来（不需要任何枝干、嫩枝或分枝）。

3 收集一大把的花瓣。

4 将花瓣尽可能高地抛向空中，然后绕圈或按其他疯狂的路径跑、跑、跑，边跑边把花瓣继续抛出，尽量让更多的花瓣停留在空中。

5 直到累倒在地，大功告成。

做一个花冠

如果你有一个大孩子，完全可以制作一个精细、美丽的花冠。如果你有一个蹒跚学步的幼儿，那么就忘记那些，不过可以通过各种改造（结合一些自由创意和想象力）解决大部分的诉求和困扰。到目前为止，我们家里制作过仙女冠、伪装头饰，以及晚餐王冠（授予蔬菜吃得最多的孩子）。

1 用纸剪出一个皇冠的形状，可以是一个基本的圆环，或者在前面有一排尖角细节的复杂形状。记得先把纸绕在佩戴者的头上，以确保裁剪出合适的尺寸。

2 寻找花朵。如果你能找到不同的形状、大小和颜色的花朵，那就太棒了——你可以利用它们制作一些细节（也许，淡黄色花作为黄金的部分，粉色花瓣当作珠宝）。

3 把花贴在你的皇冠上，如果你和一个年龄较小的孩子一起制作，使用双面胶可以节省时间和精力。

4 当你根据自己的喜好已经添加令自己满意的细节，用双面胶把纸黏合成一个环。

5 瞧，你的花冠或头饰、头巾完成啦！

提示 如果你有粗金属线，可以将它弯曲成一个环形，然后将整株花缠绕在上面，最后将两端拧在一起即可。

做一根春天的花链

1 寻找掉落在地面的花朵，这很好。如果可以同时收集一些完整的花朵以及一些散落的花瓣会更好。

2 把花朵散开，并决定它们串在花链上的顺序。是按色块排列还是形成随机的彩虹色？在花瓣之间，是放上嫩枝还是无序的形状作为间隔？

3 穿好一根针，根据你想要的花链长度计算线的长度。在最后包裹上一块透明胶带，这样东西就不会掉下来。

4 用针穿过第一个花朵或花瓣最厚的地方，并轻轻地将线拉出。

5 继续，尽可能穿过花朵最厚的部分，并考虑花朵之间的间隔，直到你穿过最后一朵花（或手指被扎痛为止）。

6 在另一端末尾也裹上一块透明胶带。

7 悬挂花链。花瓣干了也一样很美。

幼儿在穿针引线时必须有家长陪伴。在确保安全的条件下，这是训练孩子技能、提升注意力和协调性的一个好方式。

做一个会摆动的花朵挂饰

与制作花链的步骤相同，不同的是：

1 你需要将花瓣串到四根较短的线上，而不是一根长线上。如果你担心滑动，可以在每个花瓣之后打一个小结。

2 现在制作一个框架用于悬挂花瓣。找到两根直的枝条。

3 将枝条摆成十字形（一根在另一根上面，指向相反的方向）。

4 用绳子紧紧缠绕在交叉的地方绑紧，然后打结，留下一段备用的绳子。现在框架做好了。

将上一步预留的那段绳子绕一个圈并系好，用于悬挂你的花朵挂饰。

6 在十字架四端分别绑上一串花瓣。

完成啦！

压花

你瞧，当然可以有更复杂、更安全的方法来做这件事，但是如果你只是打算轻松尝试一下，也没有完整的时髦工具套装，那么这就是为你设计的方法，不仅工序完美、成品可爱，还不需要去工艺品商店排队，避免了你的孩子不小心打翻货架上松节油的窘境。哦对了，这还是免费的。

寻找花朵。

2 确保花朵是干燥的，否则花朵会发霉，就不那么漂亮了。

3 找一本大而重的书，打开并且在其中一页放上一些卫生纸。

4 将花瓣放在卫生纸上，尽量躲开书的边缘以获得均匀的压力。

在花瓣上面放上另一张卫生纸，然后合上书。

6 在书的上方放一些重物，然后放置4周。

7 打开书本，欣赏你的压花，然后用它们做任何有趣的东西：用花朵做五彩纸屑，把花朵贴在罐子上，然后在罐子里粘上茶烛做成一盏灯，把花朵贴在纸上做成书签或包装纸，把花朵变成拼贴画。

大孩子如果想要做得更专业些，可以尝试每周更换压花的卫生纸和书。这样可以更好地去除花瓣上的水分。

制作花朵拼贴画

1 搜寻花朵——尽可能寻找不同颜色、不同形状的。

2 拿出一张纸、一瓶胶水和一把刷子。

3 发挥你的想象力：只用花你能绘制出什么（不允许用蜡笔和颜料），是狮子毛茸茸的鬃毛和脸，还是一棵树？你也可以找一些枝条来做树干和树枝。

4 用胶水把花朵粘好。

提示 你也可以不用纸，在户外平整的地面上随时制作拼贴画——不需要黏合。

制作接骨木花饮料

如果你愿意，这是一个额外的"彩蛋"。这个悄悄的、非正式的活动，只需要一些非常简单但没列入工具包清单的东西（一个平底锅，对我来说，应该还有柠檬和糖。我想，春天总是伴随着饮料而结束的）。

1 采摘接骨木花——目标是25穗。

2 冲洗掉花上任何一个小小的潜伏者（虫子）。

3 将1千克的糖和1.5升的水放入锅中，低温加热直至糖溶解，然后用大火将其煮沸。

4 将鲜花、磨碎的柠檬皮、柠檬汁放入锅中。

5 搅拌，然后盖上盖子，静置24小时。

6 搅拌，然后用平纹细布（或者将餐巾放在筛子上）把饮料过滤到瓶子或罐子里。

提示 你可以加入柠檬酸来保存饮料。（我们家里从来不用这个，快速将饮料喝掉就可以省略这一步。）

制作鲜花香水

"嗨哟，嗨哟，加油捣哟!"如果你5岁了，那就没有比用木棍，或任何你能拿到的东西，把花瓣捣碎成令人满意的糊糊来消耗一个下午的时间更有趣的事情了。如果你是一个非常老练的11岁的孩子，那还有更加成熟的方法来扮演一名香料商。不过，这些方法本质上是相同的。

1 搜寻鲜花——最好有不同的种类。

2 把盛开的花放在鼻子上，分析它们的气味。首先单个分析，然后组合在一起，以确定哪种香味你最喜欢，哪种花最能和其他花完美搭配。

3 当你确定了自己品牌香水的配方后，把花瓣放在一个果酱瓶里，加水后用木棒捣碎。

4 制作时持续闻味道。需要更多的樱花吗？能闻到山楂味吗？然后酌情进行添加。

5 捣得越碎气味就越浓烈，同样，如果你有足够的耐心静置过夜，你会发现香味更加浓郁。

6 轻轻涂抹一点，以获得淡淡的气味。如果你更加开放而大胆，那可以用香水把自己浸透。

尝试开花"瑜伽"动作

1 背部着地躺下，双臂伸展至头上，慢慢地深呼吸。

2 呼气，慢慢地坐起来，保持手臂伸直，直指天空。

3 用手指去够脚趾，休息片刻。

4 慢慢地小心坐起，然后向后躺在地上，你的手臂依然伸展至头上方。

5 重复动作，直到达到平静喜悦或者你的胃开始咕咕叫为止。

提示 如果你开始感到吃力或者身体发出一点点受伤的警告，立即停止。

图书在版编目 (CIP) 数据

春：寻找幸运的四叶草 /（英）哈蒂·加利克著；（英）南希·霍尼摄影；刘楠译 .—上海：少年儿童出版社，2019.8
（野孩子手册）
ISBN 978-7-5589-0647-3

Ⅰ.①春… Ⅱ.①哈… ②南…③刘… Ⅲ.①自然科学—儿童读物Ⅳ.① N49
中国版本图书馆 CIP 数据核字（2019）第 120944 号

著作权合同登记号　图字：09-2017-376

©Text Hattie Garlick, 2016 Photography Nancy Honey, 2016 together with the following acknowledgment: 'This translation of Born To Be Wild: Hundreds of free nature activities for families is published by Juvenile & Children's Publishing House by arrangement with Bloomsbury Publishing Plc.'

野孩子手册

春：寻找幸运的四叶草

［英］哈蒂·加利克　　著
［英］南希·霍尼　　摄影
刘　楠　译
金杏宝　审校

责任编辑　王　慧　　美术编辑　陈艳萍
责任校对　沈丽蓉　　技术编辑　胡厚源

出版发行　少年儿童出版社
地址　上海延安西路 1538 号　邮编 200052
易文网 www.ewen.co　少儿网 www.jcph.com
电子邮件 postmaster@jcph.com

印刷　上海盛通时代印刷有限公司
开本 787×1092　1/16　印张 5
2020 年 3 月第 1 版第 1 次印刷
ISBN 978-7-5589-0647-3 / N·1118
定价 32.00 元